2015(平成27)年より運行を開始した小湊鐵道の観光列車「房総里山トロッコ」は、蒸気機関車の外観を模したディーゼル機関車DB4形により牽引される。　　　　　　　　　　　　　　　　　　　　　　　2021.3.25　養老渓谷－上総大久保　P：寺田裕一

カラーで見る
私鉄のディーゼル機関車・蒸気機関車（関東・中部編）

渡良瀬川の渓谷に沿って走るわたらせ渓谷鐵道のトロッコ列車（8722列車）。写真のDE10 1678は入線時と同様の国鉄色のまま使用されている。　　　　　　　　　　　　　　　　　　　　　　　　　　　　　　　　　　2017.11.5　原向－沢入　P：寺田裕一

知多半島東側の、衣浦湾に面した工業地帯の貨物輸送を担う衣浦臨海鉄道。国鉄DE10タイプの車両が活躍する。このほど、新造機の導入が発表された。　　　　　　　　　　　　　　　　　　　　　　　　　　　　　　　　　　　　2012.2.4　碧南市　P：寺田裕一

大井川本線と同じ1,067mm軌間ながら、軽便鉄道並みの車体サイズが特徴の大井川鐵道井川線。長島ダム建設による線路付け替えで、ダム湖上に思わぬ観光スポットが誕生することになった。　　　　　　　　　　　　　　　　　　　　　　　2009.11.23　奥大井湖上　P：寺田裕一

真岡鐵道でSL列車の補機として運行中のDE10 1535(左)と、同機の予備部品確保のために導入された無車籍のDE10 1014(右)。
2016.3.20　真岡(SLキューロク館)　P：寺田裕一

その独特な風貌から「カバさん」の愛称で親しまれた関東鉄道DD502。関鉄では現在、買い手を探している。
2000.7.13　南水海道(信)
P：寺田裕一

国鉄DD13形に類似の鹿島臨海鉄道KRD形。塗分けも国鉄色に似ているが、朱色よりは赤に近い色合いである。
2010.4.10　神栖　P：寺田裕一

鹿島臨海鉄道KRD64形は2000年代に入ってからの増備車で、オリジナルカラーをまとった64t機。
2010.10.14　神栖　P：寺田裕一

千葉貨物駅に集結した京葉臨海鉄道の機関車群。同鉄道では原則として車両重量により形式が分けられている。
2021.9.12
P：寺田裕一

国鉄DD13タイプのD型機が主力として活躍する名古屋臨海鉄道。新鋭のND60形はピンク帯の1号機（左）と黄色帯の2号機（右）が在籍する。
2016.10.8　東港
P：寺田裕一

浮島線からのタンク貨車を牽引する神奈川臨海鉄道DD5517。同鉄道は全国の私鉄で4位の貨物輸送量を誇る。
2023.8.29　川崎貨物　P：寺田裕一

1994(平成6)年より蒸気機関車の保存運転を開始した真岡鐵道。当初より活躍を続けているのが写真のC12 66号機である。
2013.5.4　真岡　P：寺田裕一

1988(昭和63)年の「さいたま博覧会」開催に合わせ、「パレオエクスプレス」の名称で蒸気機関車の復活運転を開始した秩父鉄道。風光明媚な渓谷を走り観光客の人気も高い。
2018.6.9　上長瀞－親鼻　P：寺田裕一

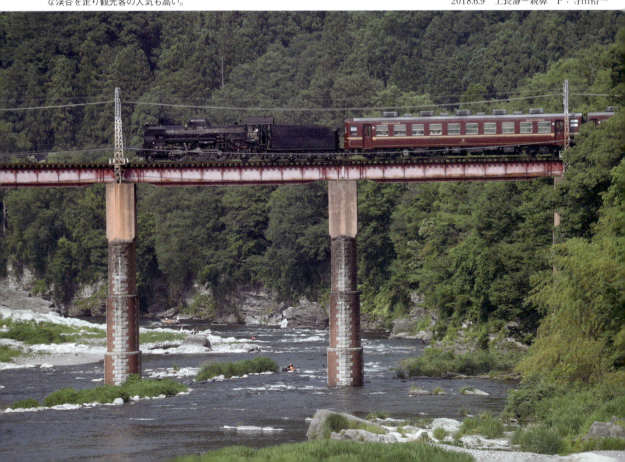

大井川鐵道大井川本線は、1976(昭和51)年より復活蒸機の保存運転を開始した草分け的存在。2022(令和4)年の台風被害により不通区間が生じているのが気がかりではある。　　　2013.3.17　田野口－下泉　P：寺田裕一

英国の人気テレビ番組のキャラクター「きかんしゃトーマス」の姿に扮した大井川鐵道C11 227。　2018.8.18　新金谷　P：寺田裕一

大井川鐵道のC56 44は、戦時供出によりタイに送られたものが1979(昭和54)年に里帰りしたもの。写真はタイ時代の塗色が復刻再現されたもので、2007〜2010年の間運転された。
2009.11.23　千頭　P：寺田裕一

「SL大樹」の名称で保存蒸機を走らせる東武鉄道。大手私鉄の保存蒸機列車は唯一で、また運行開始も2017(平成29)年と比較的最近のことで、借入車を含め3両のC11形を揃えてその活躍が見られる。
2021.9.11　大桑－新高徳
P：寺田裕一

関東・中部編のはじめに

　1993（平成5）年4月1日在籍のディーゼル機関車および蒸気機関車とその後の変遷を訪ねて、関東地方から西に向かう。

　1993年4月1日に貨物営業を行っていた非電化私鉄は、太平洋石炭販売輸送、釧路開発埠頭、苫小牧港開発、八戸臨海鉄道、岩手開発鉄道、小坂精錬小坂鉄道、秋田臨海鉄道、仙台臨海鉄道、福島臨海鉄道、鹿島鉄道、鹿島臨海鉄道、京葉臨海鉄道、神奈川臨海鉄道、衣浦臨海鉄道、名古屋臨海鉄道、樽見鉄道、西濃鉄道、神岡鉄道、水島臨海鉄道の19社であった。電化私鉄に比べると意外に社数が多いが、貨物専業の臨海鉄道のすべてが非電化であったことが要因といえよう。

　非電化の機関車ということで、ディーゼル機関車に加えて蒸気機関車を本書に加えたが、すべてが復活運転で、1976（昭和51）年から運転を開始した大井川鐵道大井川本線に加えて、秩父鉄道、真岡鐵道、東武鉄道がそれにあたる。これら4社は、すべてがこの関東・中部編に収録している。首都圏の人口の多さがバックボーンになって

いると言えよう。
　これら、ディーゼル機関車と蒸気機関車を所有している私鉄は42社・43路線に上る。そのうち大井川鐵道井川線は1,067mm軌間ながら軽便鉄道並みの規格で、すべての列車が機関車牽引という、通年営業の旅客路線では唯一の存在である。貨物営業は、大井川本線・井川線ともに終了した扱いになっているが、中部電力の依頼があると、貨車を連結することもある。その大井川鐵道であるが、2022（令和4）年の豪雨で大井川本線が被災し、全通への見通しは立っていない。
　本書では昨年（2023年）発行の『RMライブラリー280・281巻 私鉄電気機関車の変遷（上・下）』に合わせて、1993（平成5）年4月1日在籍とそれ以降に入線したディーゼル機関車・蒸気機関車の生い立ちと、その後を紹介する。私鉄の定義は鉄道事業法に基づくものとし、専用線は除外した。また、車体は目にすることができるものの廃車となっていたもの、あるいは機械扱いなど車籍がないものについても割愛した。

2024年12月　寺田　裕一

2017(平成29)年より蒸気機関車の復活運転を開始した東武鉄道では、後補機として導入したディーゼル機関車を単独で使用した客車列車が「DL大樹」として運転されることもある。写真は野岩鉄道を経て会津鉄道に乗入れした際の光景。
2023.9.24　会津田島－会津高校前　P：寺田裕一

14. 茨城交通湊線

茨城交通湊線の前身は、1907(明治40)年設立の湊鉄道で、1913(大正2)年12月に勝田〜那珂湊間が蒸気鉄道で開業し、コッペル製のCタンク機が客車と貨車を牽引した。1929(昭和4)年8月に阿字ヶ浦まで全通し、1936年7月からガソリンカーの使用を開始した。

一方、那珂川上流地方と水戸を結ぶ茨城鉄道が1923(大正12)年に設立され、1926(大正15)年10月に赤塚〜石塚間が開業し、1927(昭和2)年3月に御前山までが全通した。30tCタンク機が貨客の輸送にあたり、1925年5月からガソリン動力を併用した。

戦時中は、交通事業者の統合が国策によって進められ、水戸近郊の事業者は、水浜電車を母体に茨城鉄道・湊鉄道・袋田温泉自動車が合併して1944(昭和19)年8月1日に茨城交通が誕生した。茨城交通初のディーゼル機関車は1953(昭和28)年製ケキ101で、湊線に入線した。続いて1957年にケキ102が茨城線に、翌1958年にケキ103が湊線に入線した時点で蒸気機関車は使用を停止した。茨城線は1971年2月11日に全廃。湊線貨物も1984年2月1日に廃止となり、ケキ102のみ2005年5月の引退まで車籍があった。

なお、茨城交通湊線は、2008(平成20)年4月1日から第三セクターのひたちなか海浜鉄道に移管がなされ、2024(令和6)年11月19日に阿字ヶ浦から先の、ひたち海浜公園南口ゲート付近まで約1.4km延伸工事施工認可を取得した。

○ケキ102

1957(昭和32)年に茨城線貨物用として誕生し、茨城線の蒸気機関車を全廃に追いやった。新潟鐵工所製の35t標準機で、機関はDMH17BX(180PS)×2基搭載。茨城線は戦後に水浜線とつながり赤塚〜大学前間を電化したが、赤塚中継貨物列車は電化後も当機が牽引した。1966年6月1日から茨城線の廃止が始まり、1971(昭和46)年2月の全廃後に湊線に転じた。

この頃の湊線の朝の通勤通学列車は機関車牽引で、海水浴シーズンには客車列車もあった。やがて旅客列車は全て気動車運行となったが、貨物営業期間中は、当機が気動車と貨車を牽引した。

1984(昭和59)年2月1日に貨物営業が廃止になると稼働の機会がなくなり、2005(平成17)年5月に引退した。引退後もしばらくは那珂湊で留置されていたが、2009年に富山県の伏木駅側線に移設された。

1957(昭和32)年新潟鐵工所製の茨城交通湊線ケキ102。ロッド駆動のセンターキャブ式35t機で、客貨車の牽引に用いられた。
2003.10.10　那珂湊　P：寺田裕一

DD13 171を先頭にした重連の鹿島鉄道貨物列車。百里基地への燃料輸送が同鉄道の主軸であったが、駅と空港を結ぶパイプラインの老朽化から2001(平成13)年に貨物輸送は終了した。　　　　　　　　　　　　　　1989.11.9　浜－玉造町　P：寺田裕一

15. 鹿島鉄道

石岡～鉾田間は鹿島参宮鉄道として1924(大正13)年に開業し、1965(昭和40)年に常総筑波鉄道と合併して関東鉄道が誕生した。関東鉄道鉾田線であったのは14年間で、1979(昭和54)年4月1日に赤字線の鉾田・筑波両線は関東鉄道から分離して鹿島鉄道・筑波鉄道とした。

鹿島鉄道の石岡口は首都圏のベッドタウン化の波が押し寄せ、石岡～玉里間の運転本数は増加させたが、以遠は純然たるローカル風景となり、苦しい経営が続いた。

旅客主体の鉄道の中では珍しく、晩年まで貨物輸送を行っていた。米や肥料といった一般貨物があったのは昭和末期までで、以降は自衛隊百里基地へのジェット燃料輸送が石岡～榎本間で行われた。これとてパイプラインの老朽化を理由に2001(平成13)年7月で消滅し、貨物営業は廃止となった。これにより鹿島鉄道の存廃問題が起こり、2002年7月29日の鹿島鉄道対策協議会で、今後5年間は公的資金を投入して存続することが決定した。

しかし、2005(平成17)年8月24日の首都圏新都市鉄道(つくばエクスプレス)の開業に伴い、関東鉄道では常総線の経営が悪化し、鹿島鉄道支援の原資が枯渇したこともあって2007(平成19)年4月1日に廃止に至った。

171号機と同様、1963年汽車会社製の国鉄DD13形を譲り受けたDD13 367。こちらは1988(昭和63)年からの使用開始である。
　　　　　　　　　　1989.11.9　石岡　P：寺田裕一

11

1968(昭和43)年日車製の鹿島鉄道DD902。国鉄DD13形の同型機だが自社発注である。茶色+白帯の姿が有名であるが、最晩年はオレンジ色+白帯に塗られていた。
2003.10.11 石岡　P：寺田裕一

○DD902

　1968(昭和43)年8月日本車輌製の48.5t機。車体は国鉄DD13形をコピーしたスタイルであるが、台車は軸バネ式。機関はDMF31SB(500PS)×2基搭載。変速機はDB138で、1972年以降のDD901と同じである。1965年8月1日に関東鉄道が発足してから鹿島・筑波鉄道が分離するまでの14年間で、唯一の新造車両であった。

　茶色に白帯の独自塗装で、貨物列車の牽引に当たった。貨物列車が鉾田に入っていたのは1980年頃までで、1989年10月1日に榎本～鉾田間貨物が正式に廃止される頃には、稼働の機会は少なくなっていた。

　貨物廃止後も唯一の機関車として、営業廃止直前まで車籍が残った。

○DD13形(DD13 171・367)

　DD13 171は1985年4月に国鉄品川機関区から、DD13 367は1987年10月に水戸機関区から譲り受け、それぞれ1986(昭和61)年1月28日と1988(昭和63)年1月25日に竣工した。国鉄時代はオレンジ色主体の国鉄色であったものが、茶色に白帯の鹿島色になった以外は大きな改造もなく使用を開始した。

　石岡～榎本間の自衛隊ジェット燃料輸送にあたり、タンク車が多いときは重連となったが、総括制御は不能で、機関士は2人乗務となった。

　自衛隊ジェット燃料輸送廃止による鹿島鉄道の貨物廃止は2002(平成14)年4月1日で、両機とも2003年4月21日付けで廃車となり、中国・河北省に輸出された。

1963(昭和38)年汽車会社製の国鉄DD13形を譲り受けた鹿島鉄道DD13 171。1986(昭和61)年より使用開始された。
2000.3.2　石岡
P：寺田裕一

16. 関東鉄道常総線

常総鉄道が取手～下館間51.1kmを1913(大正2)年11月1日に開通させた。当初は蒸気機関車が客車と貨車を牽引したが、1928(昭和3)年2月23日にガソリン動力併用が認可となった。

戦時中の1945(昭和20)年3月20日に筑波鉄道と合併して常総筑波鉄道常総線となり、ディーゼル機関車は1953(昭和28)年5月のDB11が最初であった。1954年4月にDD501、1956年11月にDD502、1958年8月にDD901が登場すると蒸気機関車は使用停止となった。

大田郷から分岐し1964年1月16日に廃止になった三所線からの砂利など、常総線の貨物は1965年頃までは年間20万t前後と多かった。その後は急速に輸送量が減少し、1974(昭和49)年7月1日に廃止となった。

最盛期に4両であったディーゼル機関車は1965(昭和40)年6月1日に関東鉄道となって以降、DB11が竜ケ崎線、DD501が筑波線、DD901が鉾田線に転じ、DD502のみ常総線に残った。急増する通勤通学輸送に対処すべく取手～水海道間17.5kmの複線化が完成したのは1984(昭和59)年11月15日で、DD502はこの工事でも活躍した。

2005(平成17)年8月24日につくばエクスプレスが開業すると旅客の転移が顕著で、昼間時の取手～水海道間は単行主体に変わっている。

●DD502

1956(昭和31)年10月日本車輌製で、運転整備重量33.7tのセミセンターキャブ機。試作的要素の強いロコで、前後のボンネットの長さは相当異なる。

当初の機関は振興DMF-36S(450PS)×1基搭載、DS形変速機で、1963年の全検時に過給機を取り換え、1971年の全検時に機関がDMF-31SB(500PS)、変速機がDB-138形に替わった。貨物廃止後は工事列車や転入・新造車両の回送に使用された。

取手～水海道間の複線化は段階的で、1977(昭和52)年4月15日に取手～寺原間、1982年12月8日に寺原～南守谷間、1983年5月31日に南守谷～新守谷間、1984(昭和59)年11月15日に新守谷～水海道間であった。この時にトキ250形を牽引して活躍したのが当機で、その後は「毎日が日曜日」状態で、水海道車両区で休んでいる。

2007(平成19)年以降は休車で、機関は始動不可。2020年から売却先を募集していて、南水海道(信)に隣接する水海道車両基地で休んでいる。

1956(昭和31)年日車製の関東鉄道(常総線)DD502。同鉄道の鉾田線(晩年は鹿島鉄道)には外観的によく似たセンターキャブのDD901が存在したが、1988(昭和63)年には除籍されていた。　　　　2000.7.13　南水海道(信)　P：寺田裕一

1994(平成6)年の真岡鐵道での蒸機列車運転開始に伴い、補機として導入されたDD13 55。神奈川臨海鉄道DD55 4を譲り受けたもので、2004(平成16)年に現行のDE10 1535と交替で廃車された。　　　1999.8.20　寺内-久下田　P：寺田裕一

17. 真岡鐵道

　下館から旧芳賀郡域を北上し、真岡・益子を経て茂木に至る。国鉄～JR東日本真岡線の転換を受けて、1988(昭和63)年4月11日に第三セクター鉄道として開業した。

　真岡線の歴史は古く、1912(明治45)年4月1日に真岡軽便線として下館～真岡間が軌間1,067mmで開業し、1913(大正2)年7月に七井延伸、1920(大正9)年12月15日に茂木まで全通した。

　転換開業時は気動車モオカ63形8両が新造され、全列車が気動車運行であったが、1994(平成6)年3月27日からは不定期ながら蒸気機関車牽引列車の運転が始まった。これは広域単位の行政組織である芳賀地区広域行政組合と下館市が地域活性化の起爆剤にと計画したもので、真岡鐵道が運行を受託している。これに合わせてC12 66とDD13 55が加わり、1998年にC11 325が増備された。

　2004(平成16)年11月2日限りでDD13 55は引退し、後継機としてDE10 1535が入線した。C11 325は2019年12月1日のラストランを最後に真岡鐵道での運用を終了し、東武鉄道に転じた。

C12 66の右側面。同機は国鉄引退後に福島県で静態保存機となっていたが、およそ20年後に動態復活した経緯がある。
2020.8.9　真岡
P：寺田裕一

1933(昭和8)年日立製のC12 66。1994(平成6)年より真岡鐵道での使用を開始、30年を経た現在も第一線で活躍中である。
2011.8.7　茂木　P：寺田裕一

●C12 66

　C12は簡易線用として1932～47(昭和7～22)年に293両が国鉄で誕生した。メーカーは日本車輌、日立製作所、川崎車輛、汽車会社、三菱重工業であった。

　C12 66は、1933(昭和8)年日立製作所笠戸工場製。上諏訪機関区を振り出しに小海線、日中線、会津線で活躍し、1972(昭和47)年3月に会津若松機関区で廃車となり、国鉄から貸与されて福島県川俣町で保存されていた。

　復元工事はJR東日本大宮工場で行われ、1994(平成6)年3月27日より営業運転に就いた。また、1999年にNHK朝の連続テレビ小説「すずらん」のロケにも貸し出された。

○DD13 55

　1963(昭和38)年富士重工業製の55t機。神奈川臨海鉄道開業に合わせて新造され、DD55 4として活躍した。真岡鐵道での蒸気機関車牽引列車の運転開始に伴い1994(平成6)年9月9日に竣工した。

　入線に当たっては、森工業で台車・逆転機・減速機等の交換を行った。塗色は客車に合わせて茶色地に白帯に変更し、イメージを一新した。老朽化に伴い置き換えが決定し、2004(平成16)年11月2日にラストランを行った。

真岡鐵道DD1355。元は1963(昭和38)年富士重製の神奈川臨海鉄道DD55 4で、蒸気列車運転に伴い1994(平成6)年に真岡入りした。2004(平成16)年に廃車。
1999.8.20　下館　P：寺田裕一

1946（昭和21）年日車製の真岡鐵道C11 325。新潟県内の静態保存機を真岡市が譲り受けたもので、動態復元後1998（平成10）年よりC12の予備機として使用されたが、経費削減のため東武鉄道に譲渡された。
1999.8.20　茂木　P：寺田裕一

○C11 325

　1946（昭和21）年３月日本車輌熱田工場製で戦時設計の第四次車。茅ヶ崎機関区に配属となり、相模線・横須賀線などで活躍した後に1973年に米沢機関区で廃車となった。新潟県水原町の水原中学校で保存されていたが、1996（平成８）年に真岡市に譲渡され、約１年間は真岡駅で展示されていた。

　C12 66の予備機として復元が決定すると、JR大宮工場でレストアを行い、竣工は1998（平成10）年10月８日、営業運転開始は11月１日であった。

　経費削減から余剰車両の処分に目が向けられ、2019（令和元）年12月１日のラストランを最後に真岡鐵道での運用を終了し、東武鉄道に転じた。

●DE10 1535

　DE10形は、支線区での列車牽引や入換専用で開発された。軸配置をA・A・A・Bの５軸として軸重を13tに抑え、丙線区への入線を可能にした。機関はDD51 20以降の出力増強形DML61Zをインタークーラーの増強により出力を1250PSに増大したDML61ZAを採用。液体変速機はDD51のDW2Aを基本とし、新たに高速段と低速段の切り替え機能を追加したDW6を開発し、搭載した。

　量産形は1967（昭和42）年から登場し、1977年までに708両が全国に配置された。1000番代は機関出力を1350PSに再増強したDML61ZBを搭載し、1500番代は蒸気発生装置を省略して死重を搭載した。

　1971（昭和46）年６月川崎車輌製のDE10 1535は、JR東日本宇都宮運転所に配属されていたもので、真岡鐵道でのファーストランとなった2004（平成16）年11月２日は、6001列車がDD13 55＋客車３両＋DE10 1535のプッシュプル、6002列車がDD13＋DE10＋客車３両であった。塗色はJR色のままで変更されていない。通常は蒸気機関車牽引列車が下館～茂木間を往復する間、回6100列車から6103列車までの間は下館で待機する。

1971（昭和46）年川車製のDE10 1535。DD13 55と交代で2004（平成16）年に真岡鐵道へ入線、「SLもおか」の回送用などに使用される。
2015.2.22　下館　P：寺田裕一

元は貨物専業の第三セクターとして1964(昭和39)年に設立された茨城県の鹿島臨海鉄道。現在は大洗鹿島線での旅客輸送も行うが、基本的に鹿島臨港線は貨物のみの営業である。
2013.5.1 鹿島サッカースタジアム－神栖　P：寺田裕一

18. 鹿島臨海鉄道

　鹿島臨海鉄道は、国鉄・茨城県・進出企業の共同出資によって1964(昭和39)年4月1日に設立され、1970(昭和45)年11月12日に北鹿島(現在の鹿島サッカースタジアム)～神栖～奥野谷浜間19.2kmが開業した。

　1978(昭和53)年5月25日から1983(昭和58)年3月6日までは、国の要請により新東京国際空港の航空燃料輸送を、パイプライン完成までの暫定的な措置として実施し、期間中の1981年度は172万tの貨物を輸送した。この期間中は暫定的に北鹿島～鹿島港南間(鹿島神宮～北鹿島間は国鉄鹿島線に直通)で旅客営業も行ったが、ほとんど利用客はなかった。

　一方、水戸～北鹿島間の鹿島新線は、他の地方交通線の建設が凍結されていた期間でも4,000人/km日以上の輸送密度が見込まれることから建設が進んでいた。赤字に悩む国鉄は、鹿島新線の第三セクター経営を茨城県知事に申し入れ、鹿島臨海鉄道が営業主体となることが決まった。水戸～北鹿島間が「大洗鹿島線」として開業したのは1985(昭和60)年3月14日であった。

　大洗鹿島線と鹿島臨港線はそれぞれ旅客・貨物と営業形態が異なり、車両検査の関係で大洗鹿島線の気動車が神栖に入ることはあるが、通常は車両の交流はない。ただ1992(平成4)年11月1日から1996年3月16日までは大洗鹿島線に貨物列車のスジが入ったが、営業列車が走ることはなく、以降は再び交流のない状況に戻っている。

　2011(平成23)年3月11日の東日本大震災では被災して全線が不通となったが、2011年5月25日に鹿島サッカースタジアム～神栖間、6月7日に神栖～奥野谷浜間で営業運転を再開した。

鹿島臨港線の起点、北鹿島駅改め鹿島サッカースタジアム駅で発車を待つKRD64-1。
2005.5.21
P：寺田裕一

国鉄DD13形に倣い、1970(昭和45)年より新造された鹿島臨海鉄道KRD形。写真のKRD5は成田空港への暫定的な燃料輸送のため、1979年に増備されたもの。
2014.3.30　神栖　P：寺田裕一

●KRD1～5

　国鉄DD13形を基に新造された56t凸型機。機関はDMF31Z(550PS)×2基搭載と高出力で、減速比を4.59として重量貨物牽引に備えている。KRD1のみ日立製で、2～5は日本車輌製。

　KRD1～3は鹿島臨港線開業に合わせて1970(昭和45)年9月16日に竣工し、KRD4・5は新東京国際空港への燃料輸送のために1977年6月と1979年1月に増備された。

　燃料輸送終了後は輸送量が20万t前後に落ち込んだことからKRD2が1983(昭和58)年10月18日廃車で仙台臨海鉄道に転じ、KRD1は1994(平成6)年8月31日、KRD3も2007(平成19)年3月に廃車となった。KRD64-2が登場するとKRD4も廃車となり、KRD5のみ稼働を続けている。

●KRD64-1・2

　KRD64-1は2004(平成16)年3月、KRD64-2は2010(平成22)年3月に日本車輌で新造された。老朽化が進むKRD形の置き換え用で、ほぼ同時期に新造された京葉臨海鉄道KD60形とは同系機である。64-1は2004年4月1日から運用に就き、自重の64tが形式名となっている。

　2001年10月にJRの牽引機がDD51形からEF64形に替わり、強力機を購入した。機関は三菱S6A3-TA(560PS)×2基搭載。機関出力はKRD形に比べ1基につき10PSのアップだが、最大引張力は70％、機関トルクは75％と増大し、牽引力は750tから880tに増大している。

　車体塗色は、太平洋の青い海を基調とした濃青色に赤と白のラインが入る。

鹿島臨海鉄道KRD64形は2000年代にKRD形の置換用として新造されたもの。写真の2号機は2010(平成22)年の新製で、現在のところ鹿島臨海鉄道の最新鋭機である。
2010.10.14　神栖　P：寺田裕一

小湊鐵道の観光列車「房総里山トロッコ」を牽引するDB4形ディーゼル機関車。かつて同鉄道に在籍した蒸気機関車、コッペル4号機を模した外観となっている。　　　　　　　　　　　　　　　　　　2016.3.19　上総牛久一上総川間　P：寺田裕一

19. 小湊鐵道

　五井から房総半島を縦断して小湊に至る鉄道が計画され、五井から建設が始まった。1925(大正14)年3月7日に五井〜里見間、1926年9月1日に里見〜月崎間、1928(昭和3)年5月16日に里見〜上総中野間が開業した。大原からの木原線(現在のいすみ鉄道)が1934(昭和9)年8月26日に上総中野に達し、房総半島縦貫鉄道が事実上完成したこともあって、上総中野から小湊へは未成線のまま終わった。

　1961(昭和36)年からキハ200形が登場し、千葉から海士有木への延伸に期待をかけたこともあったが、路線の延伸はならなかった。

　2015(平成27)年11月からは観光客を目当てにした「房総里山トロッコ」が、蒸気機関車を模したディーゼル機関車が客車を牽引する形で登場。2020(令和2)年と翌2021年にJR東日本からキハ40形5両を譲り受けてキハ200形の置き換えが進むものの、キハ200形も主力車両として活躍が続いている。

●DB4

　2015(平成27)年11月に運行を開始した「房総里山トロッコ」用の25t級ディーゼル機関車。北陸重工業製で、伊予鉄道の「坊っちゃん列車」と同様に、見た目は蒸気機関車である。同社にかつて在籍したコッペル製4号機関車をイメージした外観で、リベットについても忠実に再現されている。水タンクに相当する部分にボルボ製348PSの機関を搭載し、3軸の車輪のうち2輪が動輪となっている。

　主幹制御器はキハ200形に準じたツーハンドルマスコン。トロッコ列車としての運用時は時速25km/hであるが、回送運用では時速40km/hの運転が可能である。

　登場当初の車輪部分にはロッドが取り付けられていたが、営業開始2日目に走行トラブルが発生し、登場初年の2015年はその2日間の運転で終了となった。2016年からはロッドが取り外されて運転を行っている。

「房総里山トロッコ」の営業開始にあたって新製されたDB4形。新製当初は下回りにロッドが取り付けられていた。　2015.9.30　五井　P：RM

19

わたらせ渓谷鐵道DE10 1537は、1971(昭和46)年川車製の同番機をJR東日本から譲り受けたもので、1998(平成10)年より使用開始、客車と揃えた「あかがね」色に塗装されている。
2013.11.3 足尾 P：寺田裕一

20. わたらせ渓谷鐵道

　JR東日本足尾線の転換を受け、1989(平成元)年3月29日に開業した第三セクター鉄道である。足尾線は1911(明治44)年開業の歴史を持ち、大正期から昭和40年代までは足尾銅山の鉱石輸送で賑わった。足尾銅山は全国の産銅量の40％を占めたこともあったが、昭和40年代には枯渇し、1973(昭和48)年2月に閉山となった。古河電工はその後も輸入鉱石の精錬を持続し、鉱石の搬入と硫酸の搬出は続いたが、1986年11月に足尾事業所を縮小し、鉱石輸送はトラックに変わった。

　赤字に悩む、わたらせ渓谷鐵道が、観光客誘致の目玉として運転を開始したのがトロッコ列車であった。1992(平成4)年からJRのトロッコ車両を借用する形で運行を開始し、1995年まで運行した。

　JR車の車両検査の関係で借用が不可能になると、開業10周年を記念して1998(平成10)年9月より自社車両による運行を開始した。JR東日本からDE10 1537とスハフ12形2両を購入、元京王5000系2両の窓部・室内部・床下部を取り除いて開放型車両に仕立てた。その後、DE10 1678を購入して今日に至る。

●DE10 1537・1678

　DE10 1537は1971(昭和46)年6月川崎車輌製で初任地は青森、DE10 1678は1974(昭和49)年10月日本車輌で初任地は旭川であった。

　DE10形1500番代は1000番代から蒸気発生装置を省略し死重を搭載したもので、1550番代から3軸台車の保守点検を容易にするため、従来のDT132Eのリンク機構を改善したDT141を採用している。従って、1537はDT132E、1678はDT141台車で、両機とも運転台に旋回窓を持つ。

　DE10 1537は東日本旅客鉄道から購入し、1998(平成10)年9月22日に竣工した。塗色は客車に合わせて、日本最古の銅山発祥地の色として「あかがね」色を基調としている。

　DE10 1678は東日本旅客鉄道新潟支社長岡運転所より2003(平成15)年3月6日に購入した。先輩格の1537の整備状況が思わしくなかったことによるピンチヒッターで、JR時代の塗装のまま使用を開始した。

1974(昭和49)年日車製のDE10 1678。やはり国鉄→JR東日本の同番機を譲り受けたもので、2003(平成15)年より国鉄色のまま使用されている。
2012.4.29 大間々 P：寺田裕一

1988(昭和63)年より秩父鉄道で運転を開始したC58 363牽引の蒸機列車「パレオエクスプレス」。秩父観光の要とされ観光客の人気が高い。
2022.1.8 武川 P：寺田裕一

21. 秩父鉄道

　秩父本線は、羽生を起点とし、熊谷・武川・寄居・秩父・影森を経て三峰口に至る、全長71.7kmの路線である。このうち武川〜影森間は日常的に貨物列車が走る。武川から分岐して三ヶ尻に至る三ヶ尻線は貨物専業で、全長は3.7km。羽生で東武鉄道伊勢崎線、熊谷でJR高崎線と上越新幹線、寄居でJR八高線と東武鉄道東上本線、御花畑で西武鉄道秩父線と接続、影森で秩父太平洋セメント三輪鉱業所への構外側線を分岐する。

　旅客営業と貨物営業を併営する私鉄は本当に少なくなり、鹿島臨海鉄道が大洗鹿島線と鹿島臨港線の線区ごとに旅客と貨物を営業していることを除くと、同じ線路を旅客列車と貨物列車が日常的に走るのは関東地方では唯一の存在となっている。以前は国鉄高崎線・東武東上本線から旅客列車の乗り入れがあったが、今では西武鉄道秩父線から定期旅客列車の乗り入れがあるだけに変わっている。

　秩父鉄道の歴史は古く、1901(明治34)年10月7日に上武鉄道が熊谷〜寄居間を開業、蒸気動力であった。続いて1903年4月2日に寄居〜波久礼間を開業、1911(明治44)年9月14日に波久礼〜宝登山(現在の長瀞)〜秩父(初代、後の荒川)間開業、1914(大正3)年10月27日に宝登山〜秩父間開業、1916(大正5)年2月25日に上武鉄道が秩父鉄道に社名を変更して現在の社名となった。1917(大正6)年9月27日に秩父〜影森間開業、1921(大正10)年4月1日に北武鉄道が羽生〜行田(現在の行田市)間を開業、1922(大正11)年1月20日に熊谷〜宝登山間、翌1月21日に秩父〜影森間を直流1,200V電化、同じ年の5月20日に宝登山〜秩父間を電化して、秩父鉄道全線の電化が完成した。

　電化当初は3両の電車しか間に合わず、蒸気動力併用であったが、間もなくデキ1〜5が登場し、その後電車の増備も行い、電気運転に切り替わった。1922年8月1日に北武鉄道が行田〜熊谷間を開業、9月18日に秩父鉄道が北武鉄道を合併して秩父鉄道の営業区間は羽生〜熊谷〜影森間となった。

　この頃、諸井恒平が煉瓦に代わるセメントの企業化に着目。1923年に秩父セメントを興し、黒原〜大野原間に大工場を完成させた。関東大震災などを契機にセメントの需要は高まり、秩父鉄道の貨物輸送量は

21

4両の12系客車を牽引し快走する「パレオエクスプレス」C58 363。　　2017.8.5　白久－三峰口　P：寺田裕一

年々増加した。1930(昭和5)年3月15日に影森～三峰口間が開業して、羽生～三峰口間が全通した。

　貨物輸送は主に熊谷で国鉄中継を行っていたが、上越新幹線の建設で熊谷構内貨物ヤードが廃止となり、1979(昭和54)年10月1日に貨物専業の三ヶ尻線(熊谷貨物ターミナル～武川間)が開業した。日本セメント埼玉工場輸送がベルトコンベアに変わったことによって影森～武甲間が廃止となったのは1984(昭和59)年1月31日であった。

　1980(昭和55)年度には850万tあった貨物輸送量は、令和の時代になると200万t程度にまで落ち込んでいて、電気機関車からも多くの廃車車両が生じている。一方、1988(昭和63)年3月15日からは蒸気機関車牽引列車のパレオエクスプレス運転が始まり、貨物専業であった三ヶ尻線熊谷貨物ターミナル～三ヶ尻間については2020年12月31日限りで廃止され、三ヶ尻線は三ヶ尻～武川間のみに変わっている。

●C58 363

　1944(昭和19)年川崎車輌製。1972(昭和47)年12月1日に新庄機関区を最後に廃車となった。廃車後は埼玉県内の吹上小学校で静態保存されていた。

　1988(昭和63)年に「さいたま博覧会」が開催される際、博覧会に協賛して観光客誘致のため「パレオエクスプレス」を走らせることになり、1987年3月6日に高崎機関区で車籍復活。JR東日本大宮工場で整備の上、同年12月28日に移管された。

　パレオエクスプレスの運行主体は埼玉県北部観光振興財団で始まり、現在では秩父鉄道の自社運行に変わっている。春から秋の土日祝日を中心に熊谷～三峰口間を1往復する。当機の常駐場所は広瀬川原で、定期列車の前後は電気機関車牽引の回送列車で移動する。

30年以上もの間「パレオエクスプレス」を牽引するC58 363は、その時々により様々に姿を変え運転されてきた。写真は後藤工場式デフを取り付けた姿。　　2013.11.2　P：寺田裕一

臨海鉄道としては国内最大の貨物輸送量を誇る千葉県の京葉臨海鉄道。55t機のKD55形を中心に最新のDD200形まで多数のディーゼル機関車が在籍してきた。
2002.2.9　千葉貨物－市原分岐点　P：寺田裕一

22. 京葉臨海鉄道

　千葉県の東京湾岸部は、1950年頃から埋立が始まり、鉄鋼・石油化学などの企業が進出して日本有数の臨海工業地帯となった。その製品輸送等を目的に設立されたのが京葉臨海鉄道で、出資者は、国鉄・千葉県・沿線進出企業と、その後に誕生した臨海鉄道方式のモデルケースとなった。

　まず1963（昭和38）年9月16日に蘇我～浜五井間および市原分岐～京葉市原間が開業。工場用地の造成と企業進出に合わせて順次路線を延長し、1973年3月28日に京葉久保田に達した。1975年5月には千葉貨物ターミナルを起点とする食品南線1.3kmと食品北線1.2kmが開業したが、1994（平成6）年1月に廃止となった。

　2021（令和3）年度貨物輸送量は193.8万tで、私鉄では岩手開発に次いで多く、臨海鉄道ナンバー1を誇る。一般貨物の90％を石油発送が占め、浜五井のコスモ石油、北袖の富士石油からタンク車が倉賀野・郡山・宇都宮貨物ターミナル・八王子・南松本に向かう。石油に次いで多いのがコンテナで、千葉貨物と京葉久保田が取扱駅となっている。在籍機関車数は10両の時代があったが、今は7両に集約されている。

イベントで展示されたKD55
102。機関が見えるよう点検
口を開けて展示されている。
2002.2.9　千葉貨物
P：寺田裕一

23

1973(昭和48)年日車製の京葉臨海鉄道KD55 9。国鉄DD13形タイプのKD55形のうち、1〜10号機は自社発注車である。
2002.2.9　千葉貨物　P：寺田裕一

○KD55 1〜10

　KD55形の自社発注グループ。開業に合わせて1963(昭和38)年に55 1・55 2の2両が東急車輌で新造された。1965年以降は日本車輌製となり、1965年に55 3・55 4の2両、1969年に55 5・55 6の2両、1971年に55 7・55 8の2両、1973年に55 9、1975(昭和50)年に55 10が登場した。エンジンは一・二次車と三次車以降で異なり、前者はDMF31SB、後者はDMF31Zであった。

　1985(昭和60)年12月に55 2が廃車となり、1990(平成2)年10月に55 1・55 4〜55 6の4両が廃車、1991年3月28日に55 10が55 101となり、2001年3月31日に55 3・55 7・55 8の3両が廃車となった。

　2011(平成23)年3月1日に55 9が廃車となり、このグループは消失した。当初は国鉄標準色であったが、1992年からブルーに白帯となった。

○KD55 11〜15

　元国鉄DD13形5両を1985〜1987(昭和60〜62)年に譲り受けた。全機国鉄DD13形の後期タイプで、機関はDMF31SB、KD55 13・55 15は1993(平成5)年と1994年に機関換装されてKD55 103・55 105に改番された。

　55 11が2000(平成12)年3月31日、55 14が2007年3月28日、55 12が2012(平成24)年6月30日に廃車となり、このグループは消失した。

KD55形のうち11〜15の5両は国鉄DD13形を譲り受けたもの。写真の14号機は1967(昭和42)年汽車製のDD13 365を1987(昭和62)年に譲り受けたもので、2007(平成19)年に廃車された。
2002.2.9　千葉貨物　P：寺田裕一

KD55形のうち101～105（104を除く）号機は、既存のKD55に比べ直噴式の機関を採用し、500ないし550ps×2基から600ps×2基へとパワーアップしたもの。写真の101号機は1975(昭和50)年日車製のKD55 10からの改造機。
2002.2.9 千葉貨物
P：寺田裕一

○KD55 101

　1975(昭和50)年に登場のKD55 10は国鉄標準色、機関はDMF31SZ(550PS)×2基搭載で本線運用を開始した。1991(平成3)年3月28日に機関を直噴式のDMF31SDI(600PS)×2基搭載、変速機をDBSG138とし、KD55 101に改番を行った。換装工事はJR貨物大宮工場で実施した。改番後しばらくして塗装がスカイブルーに白帯に改められ、イメージを一新した。

　本線牽引の主力機として活躍したが、2012(平成24)年1月31日に廃車となった。

○KD55 102

　1992(平成4)年に新潟鐵工所で新造した。車齢20年以上の機関車の置き換えが目的で、新規軸が採用されている。機関は直接噴射式DMF31SDI(600PS)×2基搭載、変速機をDBSG138とし、従来機からパワーアップと変速-直結全自動切換がなった。

　塗装はスカイブルーに白帯となった。これは会社創立30周年を機会に導入されたCIを具現化したもの。

2022(令和4)年2月28日に廃車。

●KD55 103

　KD55 101に続いて、元国鉄機のKD55 13の機関と変速機を変更したもので、竣工は1992(平成4)年7月7日であった。本線牽引の主力機として活躍し、このグループでは唯一、現役で活躍している。

KD55 102は1992(平成4)年新潟鐵工所製の新造車で、製造当初より直接噴射式のDMF31SDI(600ps×2基)を採用している。角型の前照灯が特徴。　2002.2.9 千葉貨物　P：寺田裕一

KD55 103は、1967(昭和42)年日車製の国鉄DD13 346を譲り受けたKD55 13をパワーアップし103号機に改番したもの。
2002.2.9 千葉貨物
P：寺田裕一

25

KD55 201は1995(平成7)年に新潟鐵工所の新造車で、製造当初より冷房装置取付および無人操縦の準備工事がなされた。
2002.2.9　P：寺田裕一

○KD55 105

KD55 103に続いて、元国鉄機のKD55 15の機関と変速機を変更し、竣工日は1994(平成6)年3月15日であった。本線牽引の主力機として活躍したが、2012(平成24)年3月16日に仙台臨海鉄道に転じた。

●KD55 201

1995(平成7)年12月13日に新潟鐵工所で新造した。KD55 102の増備機であったが、運転台への冷房取り付け、無人操縦の準備工事が行われたことから、連番とはならず、200番代に区分されて201となった。

○KD501

三井芦別鉄道のDD503を譲り受け、1989(平成元)年5月10日にKD501としたもの。

三井芦別鉄道は1940(昭和15)年12月に三井鉱山の専用鉄道として芦別〜西芦別(後の三井芦別)間で運行を開始し、1949年1月に地方鉄道となった。当初は蒸気動力であったが、1965年1月からディーゼル機関車を導入し、DD503は1986(昭和61)年7月に登場した。DD501・502は富士重工業製であったが、DD503は新潟鐵工所製に変わり、運炭鉄道の機関車としての期待を集めたが、国内石炭の需要が減退して三井芦別鉄道は1989(平成元)年3月26日に廃止に至った。三井芦別鉄道は長らく旅客営業も行っていたが、こちらは1972(昭和47)年6月1日に廃止された。

縦2列に配置された豪雪地帯仕様の前照灯は変更されることなく使用を開始したが、輸送量が伸び悩んだこともあって、2000(平成12)年3月31日に廃車となった。

KD501は三井芦別鉄道のDD503を譲り受けたもので、縦に2段とされた豪雪地帯仕様の前照灯が特徴。
2002.2.9　千葉貨物
P：寺田裕一

KD60形は2000年代に4両が新造された日車製の60t機で、DD13タイプに比べ角ばったボディが特徴。
2021.9.12 千葉貨物 P：寺田裕一

●KD601〜604

KD601は2001（平成13）年5月、KD602は2002年6月、KD603は2004年10月、KD604は2008年2月に日本車輌で新造され、車体の台枠の鉄板を厚くして60t機としている。

機関は三菱重工業S6A3-TA（560PS）×2基搭載。DMF31SDIより出力は下回っているが、機関の高回転・高トルクと自重の増加によって最大引張力は約30％アップしている。

運転面においては、ブレーキ弁ハンドルの位置に応じてブレーキシリンダ圧力の大きさが定まるセルフラップ方式を採用。保安装置では、従来のデッドマン装置に代わりRB装置（緊急ブレーキシステム）が取り付けられた。主力機関車として活躍中。

●DD200-801

JR貨物DD200形と同形の本線牽引機。2021（令和3）年川崎重工業製で、6月9日に千葉貨物に搬入され、7月1日に竣工、8月19日から営業運転を開始した。私鉄のDD200としては水島臨海鉄道に次いで2例目で、水島のDD200-601より数日遅い搬入であった。セミセンターキャブ式の凸型機で、機関はFDML30Z（1217PS）×1基搭載、「RED MARINE」の愛称を持つ。

DD200形はJR貨物がDE10・11形の後継機主として2017（平成29）年から川崎重工業で製造している。メンテナンス面で問題のあった3軸台車を廃止し、B-B形配置で保守に配慮している。車軸数を減らしたが軸重はDE11形の14tとほぼ同じの14.7tで、ローカル線での運用を可能にしている。駆動系はDF200形で経験を積んだディーゼル・エレクトリック方式とし、コマツ製SAA12V140E-3型ディーゼルエンジンをFDML30Zとして採用。2026年にも増備が予定されている。

2021（令和3）年川重製のDD200-801はJR貨物のDD200形と同型車で、「RED MARINE」の愛称を持つ。
2021.9.12 千葉貨物 P：寺田裕一

横浜と川崎の2地区で盛業中の神奈川臨海鉄道で、全国で4番目の貨物輸送量を誇る。写真はコンテナ車を牽引するDD5515。
2002.2.8 根岸－横浜本牧　P：寺田裕一

23. 神奈川臨海鉄道

　川崎と横浜本牧の離れた2地区に路線を有する貨物専業鉄道。

　川崎地区は、JR貨物と共同使用の川崎貨物（旧塩浜操車場）を拠点として、川崎貨物～末広町～浮島町間3.9kmの浮島線、川崎貨物～千鳥町間4.2kmの千鳥線、川崎貨物～水江町間2.6kmの水江線からなった。川崎臨海地区への貨物輸送は、浜川崎から日本鋼管の構内線経由で始まった。増大する貨物に対応すべく国鉄は、塩浜に大規模な操車場を建設することとなり、川崎臨海地区の専用線は、そこを拠点に改めることとした。

　その貨物輸送を行う鉄道として、国鉄、神奈川県、進出企業の出資により、全国で2番目の臨海鉄道方式による神奈川臨海鉄道が設立された。浮島・千鳥・水江の3線が開業したのは1964（昭和39）年3月25日であった。うち水江線については2017（平成29）年9月30日に廃止された。

　横浜本牧地区は、JR根岸線根岸～横浜本牧～本牧埠頭間5.6kmで、1969（昭和44）年10月1日開業。両地区を合わせた2021年度貨物輸送量は147.8万tで、全国の私鉄で第4位である。

●DD55形551～5517(5511を除く)

　DD13タイプの55tセンターキャブ機。機関はDMF31SB(500PS)×2基搭載であるが、液体変速機がDB138である点が他のDD13タイプと異なる。

　1号機は汽車会社製であったが、2号機以降は全て富士重工業製。製作年度によりボンネットの通風口形状などに多少の差異がある。車体色はクリームとオレンジの塗り分けであったが、1982（昭和57）年以降はブルーを主体にグレーとホワイトを配したものに代わっている。

　開業時に登場したのは551のみで、1964年に552、1965年に553、1967年に554と555、1968年に556、1969年に558、1970年に558、1972年に559、1973年に5510、1974年に5512、1975年に5513、1976年に5514、1977年に5515、1979年に5516、1981年に5517と毎年のように増備が続いた。

　5511が欠番であったのは、別形態で同番号の機関車が在籍していたためである。DD5511は1963（昭和38）年東急車輌製のセミセンターキャブ機で、機関はDML61S(1250PS)×1基搭載で、試作機的要素が強く、1977（昭和52）年9月13日に廃車となった。

神奈川臨海鉄道DD55形は国鉄DD13形タイプの55t機で、四半世紀に亘り18両が新製された。写真のDD559は1972(昭和47)年富士重工製で、赤色塗装のまま2002(平成14)年3月には廃車されている。　　2002.2.8　横浜本牧　P：寺田裕一

　本形式の廃車は1985(昭和60)年4月1日の552から始まり、1986年11月1日551、1987年3月1日553、1987年12月31日556、1989年3月31日557、1992年11月30日554と555、1994年3月30日558、2002年3月31日559と510、2005年5月26日5513、2005年10月30日5512、2008年8月5515、2017年3月31日5514が廃車になり、5516～5519の4両が残る。
　このうち554は1992(平成4)年12月に真岡鐵道に転じてDD1355となり、555は1992年12月に東急車輌横浜製作所に譲渡されて元国鉄DD119の代機として入換・搬出入に使用され、2008(平成20)年廃車。5512はインドネシア運輸省に移管されてジャテイバランに駐留し、テガル～プルプクルート間複線建設工事に使用、2015年にアンバラワ鉄道博物館に保存されている。5515は555の代替機として2008年8月に東急車輌横浜製作所に転じた。
　5517は2021(令和3)年度重要部検査の際に新潟トランシスの出張工作で機関をDMF31SBからIHI原動機製の6L16CXに換装し、突出した位置にあった前照灯を他車に揃えて変更した。

DD5513は1975(昭和50)年富士重工製。ブルー系の塗装に改められているが、2005(平成17)年に廃車された。
　　2002.9.10　川崎貨物　P：寺田裕一

平成以降の新製機(18・19)はエンジンが直噴式に改められた。写真は1994(平成6)年富士重工製のDD5519。
2016.8.12　塩浜　P：寺田裕一

●DD55形55 18・55 19

　平成になってから新造された2両は、エンジンが直噴式のDMF31SDに変更された。5518は1992(平成4)年8月1日、5519は1994年2月14日竣工。

　5518から車体色がブルー・グレー・ホワイトを組み合わせた新塗色となり、他機にも塗り替えが及んでいる。2両とも主力車として活躍を続けている。

●DD60形60 1～60 3

　DD50形初期車の置き換え用として、3両が新造された日本車輌製の60t機。601は2005(平成17)年3月24日、602は2006年8月14日、603は2014(平成26)年5月8日に竣工した。601は2005年4月1日から川崎地区の運用に就いている。

　機関は三菱重工業製のS6A3-TA(560PS)×2基搭載で、重量増もあって最大引張力は従来機から25％アップ。ブレーキ方式はセルフラップ方式で、ブレーキ弁ハンドルの位置に応じてブレーキシリンダ圧力が定まる方式を導入。また、運転室はエアコン装備で、居住環境の向上を図っている。同時期に登場した鹿島臨海鉄道KRD64形、京葉臨海鉄道KD60形、名古屋臨海鉄道ND60形とほぼ同形機である。

DD60形は2005(平成17)年以降に製造された日車製の60t機で、各地の臨海鉄道に同型車が見られる。写真のDD602は2006(平成18)年製。
2017.6.14　横浜本牧　P：寺田裕一

JR北海道で「SLニセコ」などの牽引に使われたC11 207が東武鉄道に貸出され、2017(平成29)年より「SL大樹」の運転が開始された。「カニ目」と呼ばれる2灯並んだ前照灯が特徴。
2023.9.23 下今市 P：寺田裕一

24．東武鉄道

　東武鉄道は、1899(明治32)年8月27日、蒸気機関車12両、客車36両、貨車48両および緩急車2両で、北千住～久喜間の営業を開始した。

　一方、下今市～新藤原間の鬼怒川線の歴史をたどると、1917(大正6)年1月2日の下野軌道大谷向今市(現在の大谷向)～中岩(後に廃止)間6.0kmの軌間762mm軌道の開業に行き当たる。鬼怒川温泉付近にあった下滝発電所(現在の東京電力鬼怒川発電所)への資材運搬が主な目的であった。

　1921(大正10)年6月6日に下野軌道は下野電気鉄道に社名を変更して、1922年3月19日に軌道法に基づく新今市～藤原間を廃止して途方鉄道法に基づく新今市～新藤原間とし、全線を電化した。1929(昭和4)年10月22日に新今市～大谷川右岸間を廃止して下今市～大谷川右岸を開業、下今市～新高徳間は軌間1,067mmとなった。その半年後の1930年5月9日、新高徳～新藤原間も軌間1,067mmとなり、全線の改軌と電化が成った。

　東武鉄道が下野電気鉄道を合併して鬼怒川線としたのは1943(昭和18)年5月1日で、戦後の1948(昭和23)年8月6日に浅草から鬼怒川温泉まで直通特急の運転が週末に始まった。

　1986(昭和61)年10月9日に野岩鉄道が開業し、会津高原(現在の会津高原尾瀬口)までの直通運転が始まり、1990(平成2)年10月12日に会津鉄道会津高原～会津田島間が電化し、会津田島までの電車の乗り入れが始まった。2006(平成18)年3月18日からはJR新宿直通の特急「きぬがわ」「スペーシアきぬがわ」の運転が始まり、2017(平成29)年8月10日から「SL大樹」の運行が始まった。2020(令和2)年10月31日からは「DL大樹」の定期運転が始まっている。

●C11 207

　C11 207は1941(昭和16)年12月26日に日立製作所笠戸工場で落成。北海道内でも濃霧の多い線区で使用されたことから、前照灯が左右の助煙板上に各1灯ずつ搭載される「カニ目」と呼ばれる独特な外見となっている。

　長らく静内機関区に配置されて日高本線で使用され、1972(昭和47)年12月8日に長万部機関区に転属されると、瀬棚線の貨物列車牽引に当たったが、1974年10月1日に廃車となり、静内町(現在の新ひだか町)の山手公園で保存された。

　2000(平成12)年3月3日にJR北海道に返還され、苗穂工場で動態復元工事を受け、2000年9月30日に復籍した。2000年10月7日から小樽～ニセコ間の「SLニセコ」の牽引機として、復活1年目は動輪軸受けの異常発熱が頻発して満足に使用できなかったものの、翌年から安定稼働するようになった。以降はC11 171の予備機となったが、検査期限の2014(平成26)年秋まで運用された。

31

真岡鐵道より譲渡されたC11 325。2020(令和2)年よりC11 325とともに「SL大樹」に使用される。
2021.9.11　鬼怒川温泉　P：寺田裕一

　その後に東武鉄道での蒸気機関車運転が決まり、2016(平成28)年8月12日に苗穂工場で全般検査を行い、8月19日に南栗橋車両管区に入場、南栗橋車両管区では東武鉄道での走行に合わせて、後部タンクの上部にL字型無線アンテナを設置、東武形ATSの設置については、車掌車ヨ8634と8709に本体装置一式を搭載し、機関車運転室内にATSの車内警報表示器を設置した。JR北海道仕様であったスノープラウは取り外して保管し、ATS車上子を設置し、小さなスノープラウに付け替えている。
　こうしてJR北海道の旭川運転所に車籍を残したまま東武博物館が借り入れる扱いで、2017(平成29)年8月10日から「SL大樹」の運転を開始した。

●C11 325

　真岡鐵道C11 325は2018(平成30)年8月末に売却が決定し、2019年3月25日に入札が行われ、東武鉄道が約1億2000万円で落札した。
　2019年12月1日のラストランで真岡鐵道での運行を終了し、2020年7月30日に所有権が芳賀地区広域行政事務組合から東武鉄道に移り、7月31日未明に大宮総合車両センターから南栗橋車両管区に甲種輸送された。
　2020(令和2)年12月22日から24日に本線試運転が行われ、12月26日に入籍、同日から営業運転が始まった。

●C11 123

　1947(昭和22)年に江若鉄道C111(愛称「ひえい」)として日本車輌で新造された。江若では旅客列車を牽引していたが、気動車王国化していく過程で不要となり、1957(昭和32)年に雄別炭鉱鉄道に譲渡されてからは貨物列車牽引機となった。
　石炭不況から同線が廃止されると1970(昭和45)年に釧路開発埠頭に移り、KD5002の入線まで活躍した。1975年9月23

C11 123のルーツは、滋賀県の江若鉄道で1947(昭和22)年に新製されたC111。その後雄別炭鉱鉄道、釧路開発埠頭と転々とし、個人に買い取られていたものが東武鉄道に譲渡され、東武創業123周年にちなんでC11 123と名付けられた。
2024.9.30　鬼怒川温泉　P：寺田裕一

SL列車の補機として、2016(平成28)年にJR東日本より譲渡されたDE10 1099。国鉄色のまま使用された。
2021.9.11 下今市 P:寺田裕一

日に廃車になると江別市の個人によって静態保存がなされた。

2018(平成30)年に東武鉄道に譲渡され、同年11月に南栗橋車両管区に輸送され、2019年1月から動態復元工事が始まった。修繕箇所が想定よりも多く、新型コロナウイルス感染症の影響もあって復元が遅れ、車籍登録は2022(令和4)年7月5日、営業運転開始は2022年7月18日となった。

車番は2020年に東武鉄道が創立123周年を迎えたことや、3両目のSLであることから、C11 123となった。本機は直接ATSを搭載していることから、2024(令和6)年4月13日の運転から車掌車の連結が不要になっている。

●DE10 1099・1109

DE10 1099は2016(平成28)年12月にJR東日本から譲り受けた。JR東日本秋田総合車両センターで譲渡前の整備がなされ、DE10 1099は国鉄色のまま入線した。当初は「SL大樹」の最後尾に連結される後部補機で上り勾配での速度維持に用いられたが、2019年11月21日からは通常は「SL大樹」の列車には連結されなくなった。

DE10 1109は2020(令和2)年4月にJR東日本から譲り受けた。JR東日本秋田総合車両センターで譲渡前の整備がなされ、かつて「北斗星」牽引機としてブルートレインに合わせたJR北海道のDD51形を模して青色に金帯となった。

通常は「SL大樹」の列車には連結されなくなったが、「SL大樹ふたら」では東武日光にSLの機回し設備がないことから連結される。当然のことながらDL大樹では本務機で、会津若松乗り入れ時はDE10 1109が東武鉄道の乗務員によって運転がなされた。

2020(令和2)年4月にJR東日本から譲り受けたDE10 1109は、「北斗星」牽引機のDD51を思わせる塗色で入線した。
2023.9.24 下今市 P:寺田裕一

33

大井川鐵道での復活蒸機の嚆矢となったC11 227。1976(昭和51)年より現在に至るまで、大井川鐵道のSLを代表する主力機として半世紀近く活躍している。
2013.11.1 新金谷 P：寺田裕一

25. 大井川鐵道 大井川本線

　大井川上流域の豊富な林産資源を鉄道で東海道本線に運び、沿線開発を進める目的で、1925(大正14)年3月10に大井川鉄道株式会社が設立された。大井川筋に発電所を出願中であった東京電灯や川根地帯の大山林所有者、大井川上流寸又川流域の御料林地帯を管理する宮内省の出資を得ていた。当初の免許は島田からの分岐であったが、のちに金谷分岐に改められた。

　軌間1,067mmの蒸気鉄道として金谷〜横岡(現存せず)間が1927(昭和2)年6月10日に開業し、小刻みな開業を繰り返して1931(昭和6)年12月1日に金谷〜千頭間が全通した。大井川本流を4度渡り、谷間をいくつかの隧道で抜ける線形は、当時の技術力では大変な難工事で、資金的な行き詰まりも見られた。増資のたびに電力会社が応じていて、期待がいかに大きかったかがうかがえる。

　戦後の1949(昭和24)年11月18日に全線の1,500V電化が成り、電気機関車牽引列車が走り始め、1951年8月からは電車の運転が始まった。大井川鉄道の輸送量が最も多かったのは1960年代で、貨物輸送量は年間30万tを超え、旅客輸送人員は1日1万人以上であった。

　大井川鉄道が名古屋鉄道の資本下に入ったのは1969(昭和44)年で、1976(昭和51)年7月9日からは本線上をC11 227が客車を牽引する本格的な蒸気運転が始まった。

　2014(平成26)年3月26日ダイヤ改定で普通列車は14往復から9往復(うち1往復は金谷〜家山間)に減便となり、通学にも支障が出るようになった。このような環境下、名古屋鉄道は大井川鐵道(2000年10月1日に大井川鉄道から改称)の経営から撤退し、2015年8月からエクリプス日高が筆頭株主、2年後に100％資本を所有するようになる。

　トーマス機関車によって人気が戻ってきたかに見えた大井川鐵道に訪れたのは自然災害であった。2022年9月24日に台風15号による大雨で全線運休となった。大井川本線は12月16日から金谷〜家山間、2023年10月1日から家山〜川根温泉笹間渡間の営業を再開したものの、全線再開のめどは立っていない。

●C11形（C11 227・312・190）

　C11形は、短距離客車牽引用として1932〜1947(昭和7〜22)年に381両が日本車輌、川崎車輌、汽車会社、日立製作所で製造され、タンク式蒸気機関車ではB6に次ぐ規模であった。

　C11 227は、1942(昭和17)年日本車輌製のいわゆる第三次型で、札沼線、日高本線、標津線等で活躍の

34

1988(昭和63)年に大井川鐵道に入線したC11 312。2007(平成19)年に運転を終了、現在は大井川本線に新設された門出駅前の施設に静態保存されている。
1993.8.9 千頭 P：寺田裕一

後、釧路機関区を最後に1975年6月25日廃車、1976(昭和51)年7月9日から急行「かわね路」の牽引を開始した。ボイラーと汽笛はC11 312と交換している。

C11 312は1946(昭和21)年日本車輌製。会津線や只見線で使用され、会津若松機関区を最後に1975年6月25日廃車。松阪市のドライブインで静態保存されていた。1988年3月19日に新金谷工場入りし、レストアを受けて同年7月23日に運転を開始した。2007年9月8日が最終運転日で、2020年11月12日にオープンした、緑茶と農産物の体験型フードパーク「KADODE OOIGAWA」で静態保存されている。

C11 190は1940(昭和15)年9月川崎車輌製。仙台機関区に配置され、東北地方での使用の後1943年に早岐機関区、1950年10月に熊本機関区に転属。このあとは熊本を離れることなく1974年6月に廃車。八代市内の個人が所有していたものを2001年6月に新金谷入りした。一般からの募金活動を基に復元工事が開始され、2年1ヶ月後の2003年7月19日から営業運転を開始した。当機は1966年の大分国体の際に三角線でお召列車を牽引した経歴を持ち、除煙板に金色の社紋が取り付けられ、各所にステンレス縁取り等を施したお召仕様に復元されて使用を開始した。

2003(平成15)年に大井川本線での営業を開始したC11 190。現在は「かわね路号」牽引の主力を務める。
2011.10.9 千頭 P：寺田裕一

戦時中にタイへ渡っていた2両のC56が1979(昭和54)年に日本に帰還、そのうちの1両が大井川鐵道C56 44として動態保存運転を行うべく整備された。
1988.2.2　千頭　P：寺田裕一

●C56形（C56 44）

　C56形は、C12形のテンダ機関車として、1935～1942年に160両（他に私鉄向けに5両）が三菱重工業、日立製作所、日本車輌、汽車会社、川崎車輌で製造された。うち90両は陸軍の南方作戦用に徴用され、メーターゲージに改軌の後に外地に旅立った。

　当機は1936(昭和11)年3月三菱重工業製。苗穂機関区所属で千歳線等において使用され、5年後にタイ・ビルマ国境を結ぶ泰緬鉄道に送られた。戦後タイ国鉄735号機となり、1979年6月に帰国した。

　1980(昭和55)年1月からタイ時代そのままのスタイルで当線を走り始め、徐々に原型への復元を行い、1980(昭和55)年12月18日に設計変更した。また、2007～2010(平成19～22)年はタイ国鉄の姿に戻した。

タイ時代の塗色のまま大井川での活躍を開始したC56 44だが、徐々に復元を行い日本時代の姿が蘇った。ただ2007(平成19)年より4年間は「日本とタイの修好120周年」を記念してタイ時代の姿が復元された（7頁参照）。
2019.3.24　新金谷　P：寺田裕一

C12 164は、1976(昭和51)年より千頭駅で静態保存されていた車両が、1987(昭和62)年に日本ナショナルトラストの保有車として整備されたもの。
2013.11.1　新金谷　P：寺田裕一

●C12形(C12 164)

　簡易線用のC12形は、ローカル私鉄でも多く導入され、当線においても1935(昭和10)年にC121を新造し、電化後の1950年に片上鉄道に売却するまで活躍した。

　当機は1937(昭和12)年日本車輌製で、木曽福島機関区を最後に廃車となり、1976(昭和51)年4月に本川根町が無償貸与を受けて千頭駅で保存されていた。それを財団法人日本ナショナルトラストの手により、1987(昭和62)年4月28日に新金谷工場に回送の後修復・整備がなされ、同年7月25日より営業運転を開始した。

●C10形(C10 8)

　C10形は、実質的な意味での国産タンク機の第1号で、大都市周辺の列車を小型化して頻発運転を行うべく、1930(昭和5)年に23両が製造された。しかしローカル線にとっては軸重がやや重く、1932年からはC11形の量産に移行した。

　当機は国鉄廃車後、ラサ工業宮古工場の入換機として使用され、その後、宮古市内で保存されていた。1994(平成6)年に大井川鉄道が宮古市より購入して動態保存車としていたものを1997(平成9)年9月に車籍を復活させ、1997年10月14日より営業運転を開始した。

1930(昭和5)年製のC10 8は、岩手県のラサ工業専用線で使われていたものを宮古市より購入、1997(平成9)年に大井川本線でデビューしたもの。
2013.11.1　新金谷
P：寺田裕一

1950（昭和25）年加藤製作所製のDB9。9両在籍したDB1形の中で、最後まで残ったDB8とDB9は2009（平成21）年に廃車された。
2009.11.23　川根両国　P：寺田裕一

26. 大井川鐵道 井川線

　大井川鐵道井川線が地方鉄道法による営業を開始したのは1959（昭和34）年8月1日だが、それ以前から専用鉄道としての営業が行われていた。千頭〜大井川発電所間は戦前から敷設されていたが、井川、堂平貨物駅への路線が完成したのは1954（昭和29）年4月1日であった。トンネルが非常に多く、輸送力を犠牲にしてでも工期を短縮するために、軌間は1,067mmでありながらも車両限界は軽便鉄道並みとなった。発電所建設工事中は、貨車が大井川本線新金谷構外側線まで直通した。

　この井川線の一大転機は1990（平成2）年10月2日に訪れた。長島ダム建設に伴い、川根市代〜川根長島（現在の接阻峡温泉）間に新線を建設し、アプトいちしろ〜長島ダム間がアプト式となり、同区間のみ1,500V電気運転となった。列車は、原則として千頭〜井川間の運行で、千頭を発車した列車は、アプトいちしろに到着すると、千頭方にED90形を連結し、アプト式のラックレール区間を長島ダムまで進む。この区間の最急勾配は90‰で、列車はゆっくりと進む。長島ダムで千頭方の電気機関車は解放となり、以降はアプトいちしろまでと同様に、制御客車を先頭に客車を挟んでディーゼル機関車が後から押して進む。千頭行きの上り列車は、下り列車とは逆にディーゼル機関車が先頭で、長島ダム〜アプトいちしろ間では、最前部に電気機関車が連結される。

　我が国におけるアプト式区間は、信越本線の横川〜軽井沢間が粘着式に変更されて以来の登場で、非常に興味深い。

○DB1形

　加藤製作所製のL型8t機で、9両が在籍した。1〜6は1936（昭和11）年製、千頭〜大井川発電所間を1,067mmに改軌した際にガソリン動力で登場。7は1938年3月製の増備車。1953（昭和28）年に東日本重工業製85PSディーゼルエンジンに換装し、1954年の井川延長後、連結器が朝顔式から自連に変更された。

　8・9は1950（昭和25）年製で、岐阜県の中部電力東上田発電所から1955年10月に移籍されてきた。

　6は1957年に中部電力高根水力建設事務所に転出、4も1966年4月に同所に移った。1966年以降は1〜3・5・7〜9の7両在籍となった。

　入換や本線の軽量貨物列車の牽引にも活躍したが、DD20形の入線によって失職し、1・2は1982年5月、3・5・7は1984年1月に廃車。戦後製の8・9のみ平成の世まで車籍が残ったが、2009（平成17）年3月29日に井川線にもATSが導入されることになり、その対応を行わないことから前日の3月28日にさよなら運転を行って廃車となった。エンジンは日野DA-55からDB-31Cに換装されていた。

●DD20形（DD201〜206）

日本車輌製の箱型20t機で、エンジンは小松・カミンズ製でターボチャージャー付のNT-855L。定格出力は335PSで、重連総括も可能である。

前照灯は3灯式で、下部の1灯はカーブに応じて首を振る。砂撒き装置や撒水装置の自動化などの新機軸が随所に見られる。1982（昭和57）年1月、1983年7月、1986年7月に2両ずつ登場した。

当初201と202は公募による塗装（赤に青帯が入り、帯回りを白で縁取ったもの）で登場したが、その後他車と同じ赤とクリームの塗り分けに統一された。さらに1999（平成11）年以降は赤地に白帯に変わっている。各機とも愛称を持ち、201から順に、ROTHORUN、IKAWA、BRIENZ、SUMATA、AKAISHI、HIJIRIとなっている。

今日も主力機で、全線にわたって千頭方に連結される。アプトいちしろ〜長島ダム間では、さらに千頭方に電気機関車が連結される。

井川線の主力機として現在でも活躍するDD20形。現行塗装になる前の、赤とクリーム色のツートンカラーの姿。　1993.8.9　接岨峡温泉　P：寺田裕一

DD20形のうちDD201・202は登場時、赤地に青帯の塗装に塗られていたことがあった。
1988.2.3　千頭　P：寺田裕一

赤地に白帯の、現行塗色をまとったDD201。　　　　　　　　　　　　　　　　　　　　2011.10.9　千頭　P：寺田裕一

39

半田線の急カーブ鉄橋を行く衣浦臨海鉄道の貨物列車。牽引機のKE65形5号機は国鉄DE10形と同型の自社発注車。なお衣浦臨海鉄道では、2024(令和6)年秋にKD58形(JRのDD200形の同型車)の入線が予定されている。　2012.2.4　東成岩－半田埠頭　P：寺田裕一

27. 衣浦臨海鉄道

　知多半島東岸に入り込んだ衣浦湾は、西部にJR武豊線が走り、東部に名古屋鉄道三河線が通じる。高度成長期、この衣浦湾を埋め立てて一大工業地帯を建設することが計画され、全国で12番目の臨海鉄道・衣浦臨海鉄道が1971(昭和46)年4月に設立された。

　免許路線は3路線で、まず1975(昭和50)年11月15日に半田線(半田埠頭～東成岩間3.4km)が開業。次いで1977年5月25日に碧南線(東浦～権現崎間11.3km)が開業した。

　開業はしたものの工場誘致は進まず、進出企業も海上輸送やトラック輸送が中心で、1980年度貨物輸送300万tの計画が、実際には38万tで、大きく目算が狂った。その後若干上向いたとはいえ、2000年度は28.8万tでしかなかった。3番目の計画線亀崎～半田埠頭間4.9kmは着工されないまま免許を失効し、碧南線の碧南市～権現崎間3.1kmは2006(平成18)年4月1日に廃止となった。

　現在の輸送品目は、半田線はコンテナ輸送、碧南線はフライアッシュ(石炭灰)輸送が中心で、両線列車とも臨鉄の機関車が大府まで乗り入れる。大府から重連で碧南市に入り、碧南市で2列車に分割され、最初の機関車は半田埠頭まで1往復する。

衣浦臨海鉄道では令和の現在でもタブレット閉塞が使用されており、タブレットの授受シーンを見ることができる。　2020.12.19　東成岩　P：寺田裕一

1975(昭和50)年日車製の新造車両、衣浦臨海鉄道KE65 1。　　　2016.10.8　半田埠頭　P：寺田裕一

●KE651～653・655

　国鉄DE10形と同形の自社発注車で、4両とも日本車輌製である。

　651～653は半田線開業時に合わせて1975(昭和50)年に登場。655は碧南線開業に合わせて登場した。4は忌み番号として嫌われ、当初から欠番であった。

　衣浦臨海鉄道がDD13タイプではなく高出力のDE10形を導入したのは、重量貨物列車の牽引を可能にするためで、当初の期待が大きかったことがうかがえる。652と653の2両は1984(昭和59)年9月3日付けで廃車となって樽見鉄道に転じた。

●KE652Ⅱ・653Ⅱ

　1990(平成2)年に国鉄清算事業団からDE10形538と563を購入して、KE652と653の二代目とした。3軸側の台車がDT132Aで、自社発注機のDT141と異なる。

　当機の入線でDD351が廃車となった。DD351は1970(昭和45)年新潟鐵工所製の35tセンターキャブ機で、常盤共同火力線用線のDD351として誕生し、仙台臨海鉄道DD351を経て1985年5月7日付けで入線していた。KE652Ⅱは休車中で、稼働はしない。したがって653Ⅱのみが現役車両として活躍している。

KE65 2と65 3の二代目車両は国鉄DE10形を譲り受けたもの。この2両の入線で既存の同番車は樽見鉄道に譲渡された。
　　　2024.8.21　大府　P：寺田裕一

国鉄DD13形タイプのD型機が主力の名古屋臨海鉄道。5521～5529(5524除く)・55210の9両は自社発注車で、写真のND5528は1972(昭和47)年日本車輌製。1灯式の前照灯が目を引く。　　　2001.8.18　東港　P：寺田裕一

28. 名古屋臨海鉄道

　名古屋港東地区は戦前から企業が進出していた埋立地で、ここからの貨物は、名古屋港管理組合所有の専用線から名古屋鉄道大江経由、国鉄熱田連絡で輸送されていた。しかし、輸送力を増強するため笠寺接続で東港に操車場を新設する計画が持ち上がり、1961(昭和36)年1月に全国で3番目の臨海鉄道方式の新会社・名古屋臨海鉄道が設立された。

　1961年8月20日に東港線(笠寺～東港間3.8km)、潮見町線(東港～潮見町間3.0km)、昭和町線(東港～昭和町間1.1km)が開業、少し遅れて東築線(東港～名古屋築港間1.3km)が開業し、1969年6月25日に南港線(東港～知多間11.3km)が全通して最盛期の路線が完成した。現在、実際に営業しているのは東港線、南港線の東港～名古屋南貨物間、東築線のみで、その他は2015年から営業休止中である。

　東港は機関区とヤードのある中心駅。名古屋南貨物はコンテナ基地があり、日本製鉄専用線を分岐する。美濃赤坂からの西濃鉄道貨車はここに到着する。2006(平成18)年11月15日からは名古屋南貨物～盛岡貨物ターミナル間にトヨタ自動車の部品を輸送する「TOYOTA LONGPASS EXPRESS」が新設されている。

　なお名古屋臨海鉄道は、名古屋貨物ターミナル・名古屋港・笠寺・多治見・春日井・四日市・塩浜の入換業務等を担当している。あおなみ線荒子～南荒子間の名古屋貨物ターミナルは1980年10月1日の開設から業務を受託していて、自社のディーゼル機関車が入換業務にあたっていたが、2020年にJR貨物のHD300形が1両入線、2022年に置き換えられている。

●ND552形（ND5521～5529・55210：5524は欠番）
　形式名のNは名古屋臨海鉄道、DはD形、55は重量を表し、次の2はND55の2形式目を表す。

　1965(昭和40)年8月の開業に合わせて55tセンターキャブ機のND5521～5523の3両が新造された。DD13タイプで、機関はDMF31SB(500PS)×2基であった。1・2号機は日本車輌製で台車は軸バネ式、3号機は汽車会社製で台車はウイング式であった。

　1968(昭和43)年以降に登場した車は全て日本車輌製となった。4は忌み番号で存在しない。5号機は1968年製、6号機は1969年製、7・8号機は1972年製、9号機は1973年製、10号機は1974年製。登場年に幅があるが、スタイルは一貫している。前照灯は汽車会社製の3号機以外は1灯式を貫いている。

　1986年8月に3号機が更新工事を受け、車体や主要部品が国鉄DD13 233(1966年日本車輌製：1986年8月国鉄廃車)のものに交換された。7号機は2015年9月に開業50周年を記念してグレーと濃い赤に白帯といった旧塗装(国鉄DD13形と同色)を復元した。

　貨物輸送の減少と新車の登場から廃車が生じている。1995年3月31日に1号機、2003年4月1日に2号機、2008年8月に5号機、2011年8月に6号機、2021年に3号機と9号機、2023年8月11日に10号機が廃車となり、7・8号機の2両が残る。今となれば貴重なDD13形タイプである。

汽車会社製のD5523は、自社発注車ながら同じ1965(昭和40)年製の日本車輌製とは異なり、前照灯が2灯式となっている。
2001.8.18 東港 P：寺田裕一

●ND552形（ND55211～ND55219：55214は欠番）

元国鉄DD13形8両を1980～1988(昭和55～63)年に譲り受けた。種車と製造会社は以下の通り。

11号機（1981年3月竣工）←国鉄DD13 5
　（1958年7月汽車会社製：1980年3月廃車）
12号機（1980年9月竣工）←国鉄DD13 12
　（1958年7月日本車輌製：1979年11月廃車）
13号機（1986年10月竣工）←国鉄DD13 308
　（1966年3月日本車輌製：1986年3月廃車）
15号機（1987年5月竣工）←国鉄DD13 306
　（1966年5月日立製：1987年3月廃車）
16号機（1987年3月竣工）←国鉄DD13 225
　（1965年9月日本車輌製：1986年12月廃車）
17号機（1988年8月竣工）←国鉄DD13 247
　（1965年9月汽車会社製：1986年8月廃車）
18号機（1988年8月竣工）←国鉄DD13 224
　（1965年9月日本車輌製：1987年2月廃車）
19号機（1987年12月竣工）←国鉄DD13 226
　（1965年9月日本車輌製：1987年2月廃車）

なお忌み番号を嫌って、14号機は当初から存在しない。

11・12号機は国鉄DD13形の一次車を譲り受けたことからイコライザー式のDT105台車を履き、13号機以降は前照灯2灯でウイングバネ式のDT113台車を履く。11号機は1983年5月に休車となり、13号機の竣工と同時で、1986年10月1日に廃車となった。

更新工事が行われたのは12・13・16の3輌。12号機は国鉄DD13 360(1967年汽車会社製：1986年8月廃車)の車体と主要部品を転用して更新された。13号機は苫小牧港開発からD5604(1972年10月川崎重工業製)の車体を振り替えて1998年11月に竣工。16号機は苫小牧港開発からD5605(1972年11月川崎重工業製)

名古屋臨海鉄道ND552形のうちND55211～55219(55214除く)の8両は国鉄DD13形を譲り受けたもの。さまざまな改造により個々の車両で形態が異なる。
2013.9.12 名古屋貨物ターミナル P：寺田裕一

43

名古屋臨海鉄道ND55213。元は国鉄DD13形の譲渡車だが、苫小牧港開発D5604の車体と振り替えたため他車と外観が異なる。
2013.9.12　名古屋貨物ターミナル　P：寺田裕一

の車体を振り替えて1998年4月に竣工した。旧苫小牧港開発の2両は、運転席の出入口が2ヶ所で、出入口のない運転席窓が横長になって、元国鉄機とは見た目が明らかに異なった。

13・15・16号機の3両は名古屋貨物ターミナルの入換機であったが、同ターミナルにJR貨物のHD300形が入ると、東港に戻った。17号機は知多のジャパンエナジー専用線であったが、同所の貨物がなくなったこともあり、2002年4月1日に17・18号機が廃車。19号機は2000年7月19日廃車、12号機も2003年3月に廃車、13号機は2020年度に廃車。16号機と15号機も2022年に廃車となった。名古屋貨物ターミナルの入換機がHD300形に変わった後は13号機と15号機の仕事はなくなっていた。

なお19号機は太平洋セメント四日市出荷センターに引き取られ、中部国際空港埋め立て工事関連輸送に従事したが、2012（平成24）年5月に廃車となった。

●ND60形（ND60 1・2）

ND552形の置き換え用として日本車輌で新造された。ND60 1は2008（平成20）年3月6日、ND60 2は2010年5月27日の竣工。ND60 1は2008年6月10日に牽引試験を行い、6月16日から運用を開始、2008年3月15日改正で登場したトヨタ・ロングパス・エクスププレスの牽引機となった。

自重60tのセンターキャブ機で、車体色は青を基本に、2本の帯を巻く。帯色について1本は白、その下の帯は1号機が紅色、2号機がクリーム色と異なる。560PSエンジンを2基搭載し、メンテナンス部品の確保が容易な汎用型量産タイプを用いている。京葉臨海KD60形、鹿島臨海KRD64形、神奈川臨海DD60形とは共通点が多い。

ND60形は日車製の新造機で、角ばった外観が特徴。写真のND602は2010（平成22）年製で、ボディの2本帯のうち下側がクリーム色となっている。
2016.10.8　東港　P：寺田裕一

■私鉄内燃機関車・蒸気機関車一覧表（関東・中部編）

作成：寺田裕一

No.	会社名	形式	番号	両数	最大寸法 (mm) 長さ	高さ	幅	自重 (t)	機関 形式	出力 (ps×個)	製造 年月	製造所	竣工年月日	前所有社・番号	改造 年月	改造 内容	廃車年月日
14	茨城交通	ケキ100	102	1	10,950	3,820	2,676	35.0	DMH17BX	180×1	1957.9	新潟鐵工所	1957.9.20	（新造）			2005.5.31
15	鹿島鉄道	DD90	902	1	13,600	3,848	2,805	48.5	DMF31SB	500×2	1968.7	日本車輌	1968.7.10	（新造）			2007.2.22
		DD13	13 171	1	13,600	3,849	2,846	53.5	DMF31SB	500×2	1963.5	汽車	1963.5.28	国鉄DD13 171			2003.4.21
			13 367	1	〃	3,849	2,846	53.5	DMF31SB	500×2	1988.1	日本車輌	1988.1.25	国鉄DD13 367			—
16	関東鉄道常総線	DD502	502	1	11,000	3,855	2,720	33.7	DMF31SB	500×1	1956.9	日本車輌	1956.11	（新造）			—
17	真岡鐵道	DD13	13 55	1	13,600	3,950	2,836	52.0	DMF31S	500×2	1963	日立	1994.2.9	神奈川臨海DD554			2004.11.15
		C12	12 66	1	11,350	3,900	2,936	50.0	—	—	1933	日立	1994.2.7	国鉄C12 66			—
		C11	11 325	1	12,650	3,946	2,936	65.9	—	—	1946	日本車輌	1998.10.8	国鉄C11 325			2020.7.31
		DE10	10 1535	1	14,150	3,965	2,950	60.0	DML61ZB-1	1,350×1	1971.6	川崎車輌	2004.11.2	JR東日本DE10 1535			—
18	鹿島臨海鉄道	KRD	3	1	13,600	3,849	2,684	56.0	DMF31Z	550×2	1970	日立	1970.9.16	（新造）			1994.8.31
			4	1	〃	〃	〃	〃	〃	〃	1977	日立	1977.6.8	〃			2007.3.31
			5	1	〃	〃	〃	〃	〃	〃	1979	〃	1979.1.26	〃			2011.3.31
		KRD64	64-1	1	13,600	3,849	2,860	64.0	S6A3-TA	560×2	2004.3	日本車輌	2004.3.6	〃			—
			64-2	1	〃	〃	〃	〃	〃	〃	2010.3	日本車輌	2010.3.20	〃			—
19	小湊鐵道	DB4	4	1	8,450	3,500	2,650	24.0	ボルボ	348×1	2015.10	北陸重工業	2015.10.29	（新造）			—
20	わたらせ渓谷鐵道	DE10	10 1537	1	14,150	3,965	2,950	60.0	DML61ZB-1	1,350×1	1971.6	川崎重工業	1998.9.22	JR東日本DE10 1537			—
			10 1678	1	〃	〃	〃	〃	〃	〃	1974.10	川崎重工業	2000.3.6	JR東日本DE10 1678			—
21	秩父鉄道	C58	58 363	1	18,275	3,940	2,936	100.3	—	—	1943.2	川崎車輌	1987.12.18	国鉄C58 363			—
22	京葉臨海鉄道	KD55	55 3	1	13,600	3,855	2,846	55.0	DMF31SB	500×2	1965	日本車輌	1965	（新造）			2001.3.31
			55 7	1	〃	〃	〃	〃	DMF31Z	550×2	1971	新潟鐵工所	1971	〃			2001.3.31
			55 8	1	〃	〃	〃	〃	〃	〃	1973	〃	1973	〃	1987.11.28	EB装置取付	2011.3.31
			55 9	1	〃	〃	〃	〃	〃	〃	1964	汽車	1985.12.11	〃	1987.12.9	EB装置取付	2000.3.31
			55 11	1	〃	〃	〃	〃	DMF31SB	500×2	1967	日本車輌	1986.9.17	〃			2012.6.30
			55 12	1	〃	〃	〃	〃	〃	〃	1967	汽車	1987.1.30	国鉄DD13 207			2007.3.28
			55 14	1	〃	〃	〃	〃	〃	〃	1975	汽車	1975	国鉄DD13 345			2012.1.31
			55 101	1	13,800	3,927	〃	〃	DMF31SDI	600×2	1992.7	日本車輌	1992.7.7	国鉄DD13 365		KD55 10→KD55 101	2022.2.8
			55 102	1	13,600	3,855	〃	〃	〃	〃	1967	新潟鐵工所	1986.12.23	（新造）			—
			55 103	1	〃	〃	〃	〃	〃	〃	1987	日本車輌	1987	国鉄DD13 346	1992.7.7	KD55 13→KD55 103	2012.3.16
			55 105	1	〃	〃	〃	〃	〃	〃	1995.7	汽車	1995.12.13	国鉄DD13 366	1994.3.15	KD55 15→KD55 105	—
			55 201	1	13,600	3,855	2,846	〃	〃	〃	1986	日本車輌	1989.5.10	（新造）			2000.3.31
		KD50	601	1	13,600	3,935	2,810	60.0	DMF31SB	500×2	2001.5	新潟鐵工所	2001.5.18	三井芦別DD503			—
		KD60	602	1	13,600	3,849	2,860	〃	S6A3-TA	560×2	2002.6	日本車輌	2002.6.6	（新造）			—
			603	1	〃	〃	〃	〃	〃	〃	2004.10	〃	2004.10	〃			—
			604	1	〃	〃	〃	〃	〃	〃	2008.2	汽車	2008.2.26	（新造）			—
		DD200	200-801	1	15,900	4,079	2,974	58.8	FDML30Z	1,217×1	2021.6	川崎重工業	2021.7.1	〃			—

会社名	形式	番号	両数	最大寸法 (mm)			自重 (t)	機関		製造		竣工年月日	前所有社・番号	改造		廃車年月日
				長さ	高さ	幅		形式	出力 (ps×個)	年月	製造所			年月	内容	
23 神奈川臨海鉄道	DD55	55 8	1	13,600	3,849	2,826	55.0	DMF31SB	500×2	1970.9	富士重工業	1970	(新造)			1994.3.30
		55 9	1	〃	〃	〃	〃	〃	〃	1972.4	〃	1972	〃			2002.3.31
		5510	1	〃	〃	〃	〃	〃	〃	1973.4	〃	1973	〃			2005.10.30
		5512	1	〃	〃	〃	〃	〃	〃	1974.6	〃	1974	〃			2005.5.26
		5513	1	〃	〃	〃	〃	〃	〃	1975.9	〃	1975	〃			2017.3.31
		5514	1	〃	〃	〃	〃	〃	〃	1976.8	〃	1976	〃			2008.8
		5515	1	〃	〃	〃	〃	〃	〃	1977.10	〃	1977	〃			—
		5516	1	〃	〃	〃	〃	〃	〃	1979.4	〃	1979	〃			—
		5517	1	〃	〃	〃	〃	6L16CX	600×2	1981	〃	1981	〃	2021年度	DMF31SB→6L16CX	—
		5518	1	〃	〃	〃	〃	DMF31SD	500×2	1992.8	〃	1992.8.1	〃			—
		5519	1	〃	〃	〃	〃	〃	〃	1994.2	日本車輌	1994.2.24	〃			—
	DD60	60 1	1	13,600	3,890	2,860	60.0	S6A3-TA	560×2	2005.2	日本車輌	2005.2.19	(新造)			—
		60 2	1	〃	〃	〃	〃	〃	〃	2006.8	〃	2006.8.14	〃			—
		60 3	1	〃	〃	〃	〃	〃	〃	2014.5		2014.5.8	〃			—
24 東武鉄道	C11	11207	1	12,650	3,946	2,936	66.05	—	—	1941.12	日立	2016.8.13	JR北海道C11 207			—
		11325	1	〃	〃	〃	〃	—	—	1946	日本車輌	2020.12.26	真岡鐵道C11 325			—
		11123	1	〃	〃	〃	〃	—	—	1947	日本車輌	2022.7.5	釧路開発埠頭C111			—
	DE10	1099	1	14,150	3,965	2,950	65.0	DML61ZB	1,350×1	1971.5	日本車輌	2016.12	JR東日本DE10 1099			—
		1109	1	〃	〃	〃	〃	〃	〃	1971.8	〃	2020.4	JR東日本DE10 1109			—
25 大井川鐵道	C11	11227	1	12,650	3,940	2,936	51.7	—	—	1942.9	日本車輌	1976.4.19	国鉄C11 227			—
		11312	1	〃	〃	〃	〃	—	—	1946	〃	1988.7.20	国鉄C11 312			2007.9
		11190	1	〃	〃	〃	〃	—	—	1940.9	川崎車輌	2003.7.19	国鉄C11 190			—
大井川本線	C56	56 44	1	14,325	3,900	〃	47.2	—	—	1936.3	三菱重工業	1979.12.18	タイ国鉄735			—
	C12	12164	1	11,350	3,900	〃	39.0	—	—	1937	川崎車輌	1987.11.27	国鉄C12 164			—
	C10	10 8	1	12,650	3,885	〃	55.0	—	—	1930	川崎車輌	1997.9	宮古市			—
26 大井川鐵道井川線	DB1	8・9	2	4,950	2,438	1,829	8.0	DB-31C	85×1	1950.8	加藤	1955.10	中部電力東上田発電所 (新造)			2009.3.29
	DD20	201・202	2	8,700	2,691	1,846	20.0	NT-855CL	355×1	1981	日本車輌	1981.3.22	(新造)			—
		203・204	2	〃	〃	〃	〃	〃	〃	1983	〃	1983.7.7	〃			—
		205・206	2	〃	〃	〃	〃	〃	〃	1983	〃	1983.7.14	〃			—
27 衣浦臨海鉄道	KE65	651	1	14,150	3,946	2,984	65.0	DML61ZB	1,350×1	1975	日本車輌	1970	(新造)			—
		652	1	〃	〃	〃	〃	〃	〃	1970	汽車	1990.5.10	国鉄DE10 538			1984.9.3
		652Ⅱ	1	〃	〃	〃	〃	〃	〃	1975	日本車輌	1970	(新造)			—
		653	1	〃	〃	〃	〃	〃	〃	1977	〃	1977				—
		655	1	〃	〃	〃	〃	〃	〃	1970	川崎重工業	1990.5.10	国鉄DE10 563			1984.9.3
		655Ⅱ	1	〃	〃	〃	〃	〃	〃							—

会社名	形式	番号	両数	最大寸法(mm) 長さ	高さ	幅	自重(t)	機関 形式	出力(ps×個)	年月	製造 製造所	竣工年月日	前所有社・番号	改造 年月	内容	廃車年月日
名古屋臨海鉄道	ND552	552 1	1	13,600	3,930	2,846	55.0	DMF31SB	500×2	1965	日本車輌	1965	(新造)			1995.3.31
		552 2	1	〃	〃	〃	〃	〃	〃	〃	〃	〃	〃			2003.4.1
		552 3	1	〃	〃	〃	〃	〃	〃	〃	汽車	〃	〃			2021
		552 5	1	〃	〃	〃	〃	〃	〃	1968	日本車輌	1968	〃			2008.8
		552 6	1	〃	〃	〃	〃	〃	〃	1969	〃	1969	〃			2011.8.31
		552 7	1	〃	〃	〃	〃	〃	〃	1972	〃	1972	〃			―
		552 8	1	〃	〃	〃	〃	〃	〃	〃	〃	〃	〃			―
		552 9	1	〃	〃	〃	〃	〃	〃	1978	汽車	1978	〃			2021.4.26
		55210	1	〃	〃	〃	〃	〃	〃	1979	〃	1979	〃			2023.8.11
		55211	1	〃	3,850	〃	〃	〃	〃	1958.7	汽車	1981.3	国鉄DD13 5	1986	国鉄DD13 360車体振替	1986.10.1
		55212	1	〃	〃	〃	〃	〃	〃	1958.7	日本車輌	1980.9	国鉄DD13 12			2003.4.1
		55213	1	〃	3,852	2,826	〃	〃	〃	1966.3	〃	1986.10	国鉄DD13 308	1998.11	苫小牧港開発D5604車体振替	2020年度
		55215	1	〃	〃	〃	〃	〃	〃	1966.5	日立	1987.5	国鉄DD13 306	1998.4		2022.10.28
		55216	1	〃	〃	〃	〃	〃	〃	1965.9	日本車輌	1987.3	国鉄DD13 225			2022.3.2
		55217	1	〃	〃	〃	〃	〃	〃	1965.9	汽車	1988.8	国鉄DD13 247			2002.4.1
		55218	1	〃	〃	〃	〃	〃	〃	1965.9	日本車輌	1988.8	国鉄DD13 224			―
		55219	1	〃	〃	〃	〃	〃	〃	1965.9	〃	1987.12	国鉄DD13 226			2000.7.19
	ND60	60 1	1	12,800	3,890	2,860	64.0	S6A3-TA2	560×2	2008.2	日本車輌	2008.3.6				―
		60 2	1	〃	〃	〃	〃	〃	〃	2010.5	〃	2010.5.27				―

28

ND55213に牽引された名古屋臨海鉄道のコンテナ貨物列車。2013.9.12 名古屋貨物ターミナル P：寺田裕一

47

関東・中部編のおわりに

　1993（平成5）年4月1日在籍のディーゼル機関車と蒸気機関車、その後の変遷を訪ねて北から順に眺めてみた。今回の関東・中部編は、関東地方の北部から中京の中東部までとなり、蒸気機関車を運行する4社がすべて含まれる。

　蒸気機関車にじかに接すると、黒光りした車体に目を奪われ、蒸気の熱、石炭の燃える匂い、音に心を奪われる。このことが多くの人を惹き付けるのだが、これが事業として成立するには、多くの後背地人口を必要とする。国鉄の復活運転が山口線で始まったのは、首都圏と関西圏からの新幹線利用を増やしたいという思いがあったというし、バスの規制強化で一定の距離以上を運転する場合は運転手の2人乗務が必要となり、そのコストを回収するべくツアー料金を引き上げると、大井川SL乗車の旅が苦戦するようになった。

　本書では、1993年4月1日以降の現役ディーゼル機関車と蒸気機関車を対象としたので、自身が京阪に入社してから10年目以降のディーゼル機関車と蒸気機関車が対象となる。国鉄の貨物大幅縮小は1984年2月1日であったので、ローカル私鉄における貨物輸送の多くは消滅し、貨物営業は消滅しても機関車は生きていた、そんな時代であった。

　それから30年の歳月が経過して路線そのものが消え去ったものも少なくなく、その変遷をまとめる機会となった。臨海鉄道では2021（平成3）年度に100万t以上の実績を持つ会社が、本書掲載の中に3社（電気機関車牽引の秩父鉄道を除く）ある。京葉臨海鉄道が193万t、神奈川臨海鉄道が147万t、名古屋臨海鉄道が114万tで、これらの会社では新造機の登場が見られる。

　旅客の営業を行っていない臨海鉄道は、その気にならないと目に付きにくいが、注意深く見ると、興味は尽きない。

寺田　裕一

災害による大井川鐵道大井川本線の部分不通により、「かわね路」2号をバック運転で牽引する戦前生まれのタンク機C108。
　　　2023.2.27　新金谷　P：寺田裕一